著作权合同登记：图字 01-2022-1339

EARTH CLOCK THE HISTORY OF OUR PLANET IN 24 HOURS
Published in 2022 by Welbeck Children's Books,an imprint of Welbeck Children's Limited, part of Welbeck Publishing Group.
Based in London and Sydney.
Text, design and layout © Welbeck Children's Limited 2022
Illustration © Nic Jones 2022

图书在版编目（CIP）数据

假如地球史只有24小时 / (英) 汤姆·杰克逊著 ;(英) 尼克·琼斯绘；肖涵予译.
-- 北京：天天出版社,2024.4
ISBN 978-7-5016-2262-7

Ⅰ.①假… Ⅱ.①汤… ②尼… ③肖… Ⅲ.①地球演化—普及读物 Ⅳ.①P311-49

中国国家版本馆CIP数据核字(2024)第053770号

责任编辑：崔旋子　曲　蒙		美术编辑：曲　蒙
责任印制：康远超　张　璞		

出版发行：天天出版社有限责任公司
地址：北京市东城区东中街 42 号　　　　邮编：100027
市场部：010-64169902　　　　传真：010-64169902
网址：http://www.tiantianpublishing.com
邮箱：tiantiancbs@163.com

印刷：天津善印科技有限公司　　　经销：全国新华书店等
开本：710×1000　1/8　　　　　　印张：8.5
版次：2024 年 4 月北京第 1 版　　印次：2024 年 4 月第 1 次印刷
字数：85 千字

书号：978-7-5016-2262-7　　　　　定价：68.00 元

假如只有地球史 24小时

[英] 汤姆·杰克逊 / 著   [英] 尼克·琼斯 / 绘

肖涵予 / 译

人民文学出版社 天天出版社

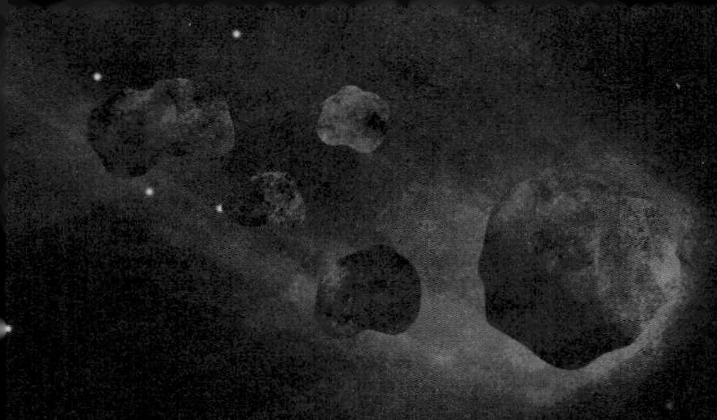
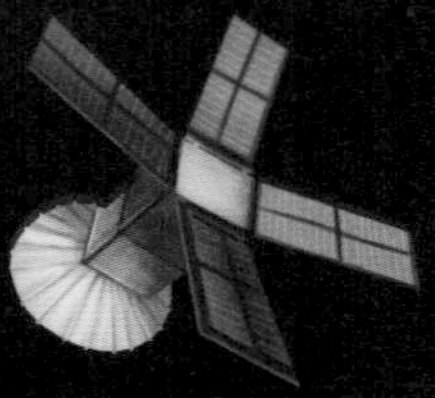
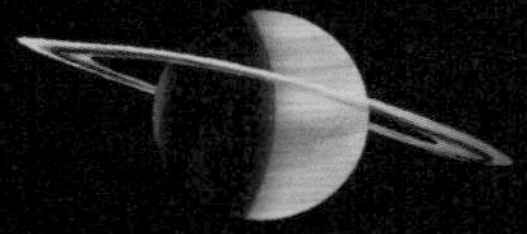

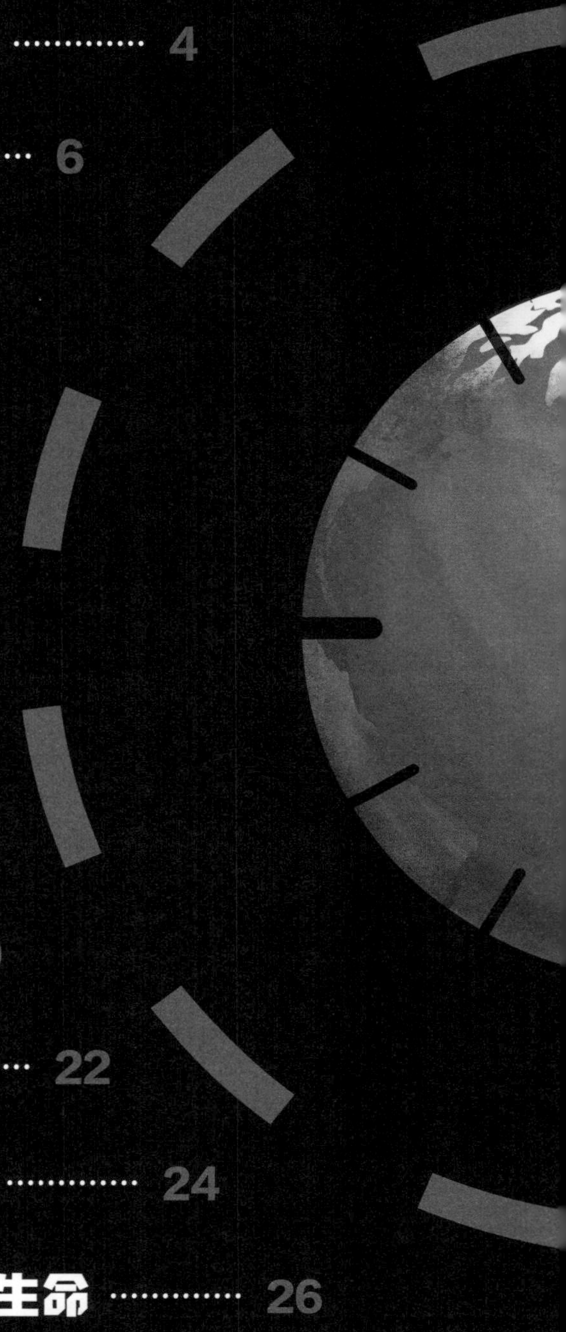
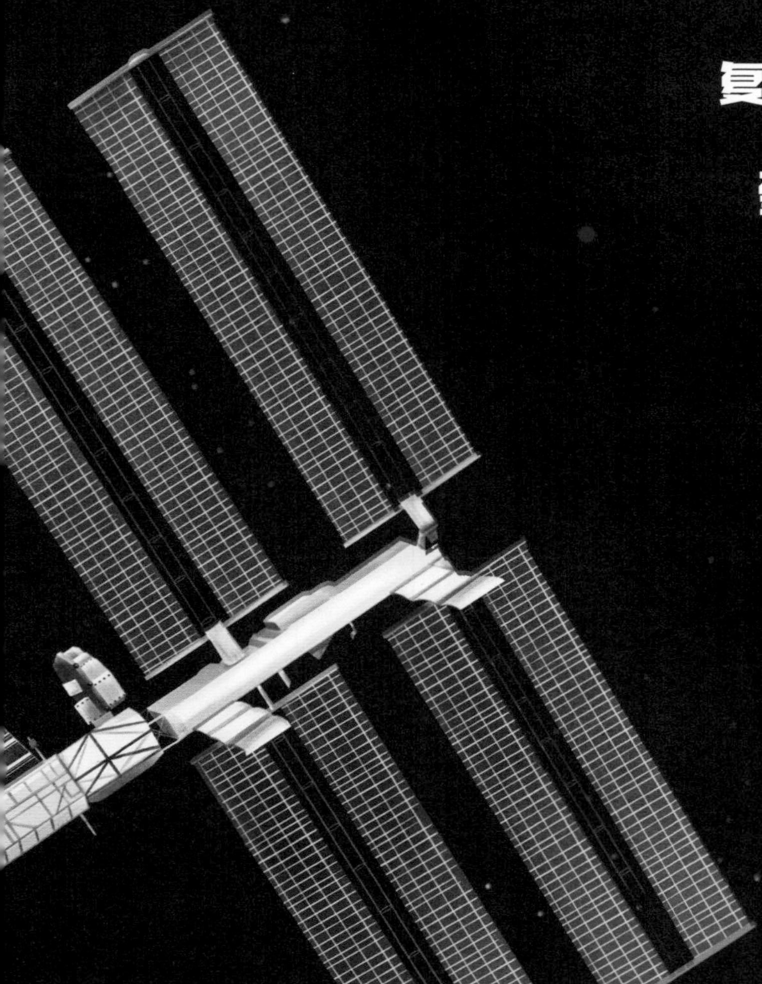

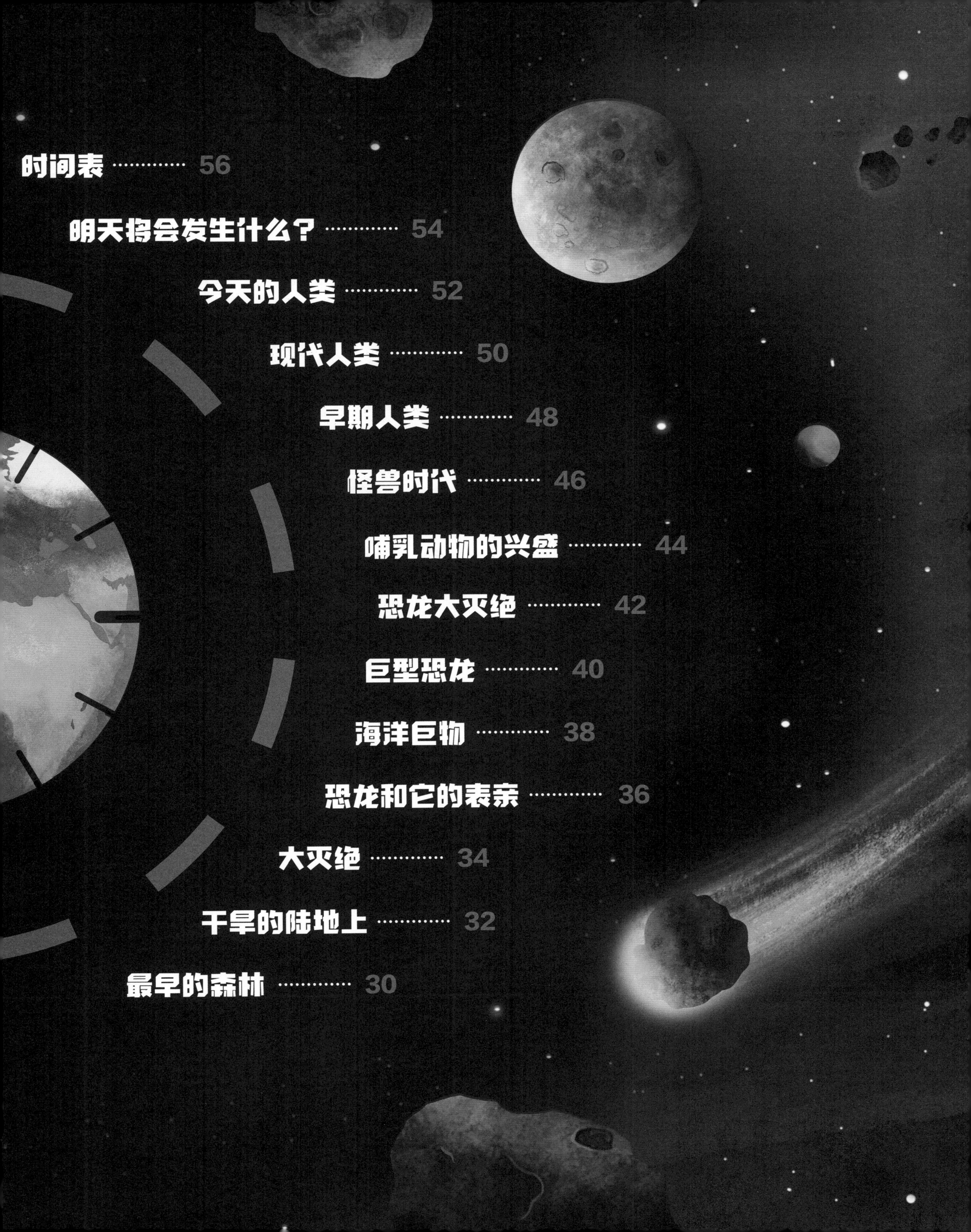

　　这本书将地球漫长的历史比作一天中的 24 个小时。每一个小时代表自然历史中的 1 亿 9000 万年，每一分钟差不多是 300 万年，而每一秒刚好是 5 万年。如果按照这个时间参照标准，人类第一幅洞穴绘画距今只有不到 1 秒的历史，而 4 秒以前，现代人类甚至都不存在。将时钟往回拨 1 小时 20 分钟，倒退到晚上 10 点 40 分，便是著名的"大灭绝"—— 一场神秘的、几乎使地球上的生命全部消失的大灾难。如果从头开始看，月球比地球年轻 13 分钟左右，而地球存在的头 45 分钟，仅是一团滚烫坚硬的岩石，完全没有海洋。

　　这本书将带你沿着地球的各个阶段来一趟一日游，每一秒都精彩纷呈，你准备好了吗？我们出发吧！

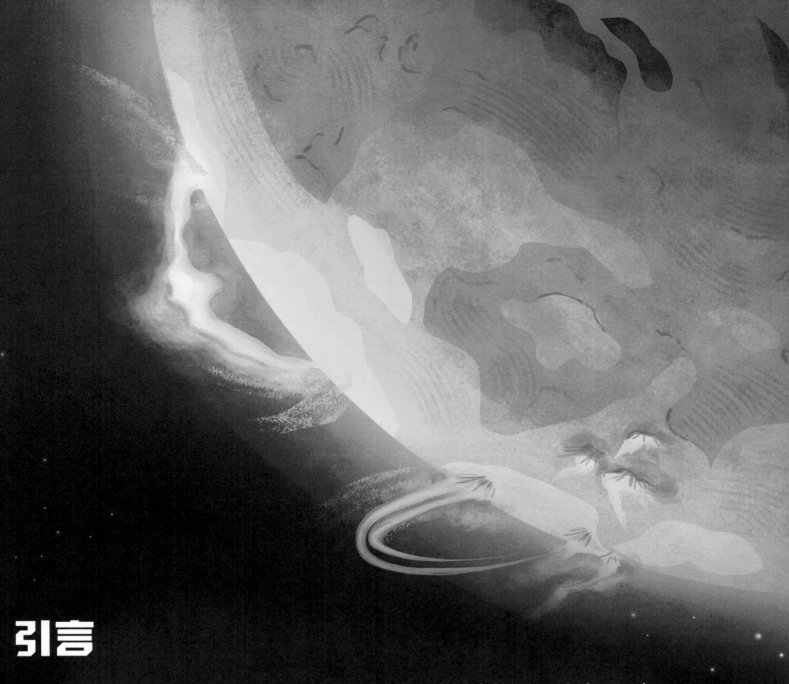

引言

　　地球从来都不是静止的，它永远处于运动中，在过去的近 46 亿年里，每一天都绕着自己的轴转动一周，每一年都环绕太阳公转一圈。每一天中的每一秒，地球表面都在不断地变化。海浪冲刷侵蚀着岩石峭壁，风将沙尘卷入空中，雨把泥土冲入河流。

　　随着火山和地震改变着地球的版图，大陆持续缓慢地漂移，变化着在地球上的位置，海洋也随之扩大或缩小。与此同时，地球上数百万动物、植物和其他生命，为了寻找新的方式生存下来，一直都在逐渐演化。正是这些细微的变化，在延绵不绝的漫漫历史中，日积月累，形成了今天美丽而神奇的地球。

地球形成

地球是由太阳形成并开始发光后，所剩下的气体、冰和尘埃组成的。这些剩下的成分像一个扁平的圆碟一样，盘旋在太阳这颗新的恒星周围。现在太阳系中所有的行星、卫星、小行星、彗星都是这个圆碟中的元素非常缓慢地形成的。

地球重达60万亿吨，而这一切都是从一颗尘埃开始的。当尘埃和冰粒偶然相撞，它们便附着在一起，形成越来越大的块状物。那些较重的块状物将较小的吸引过去，继续增长变大。碰撞和互相作用让石块的温度升高，于是随着不断地增长，这个年轻的星球变成了一团滚烫通红的液态岩。经过9000万年的漫长历程，这颗行星将周围所有的元素一扫而空。地球便形成了。

太阳

液态岩

圆碟离太阳近的地方聚集着较重的元素，比如金属和形成水晶必备的硅。地球和别的岩石行星（水星、金星和火星）就是在这个区域形成的。

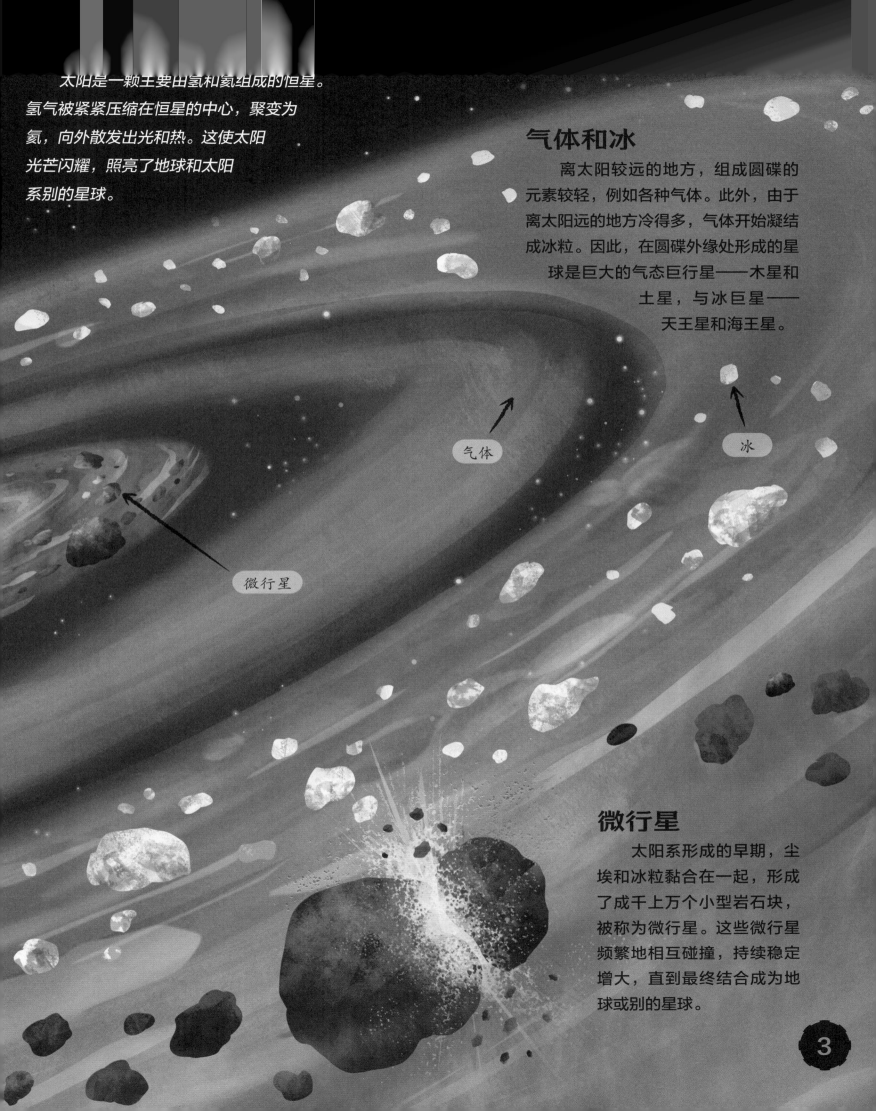

太阳是一颗主要由氢和氦组成的恒星。氢气被紧紧压缩在恒星的中心，聚变为氦，向外散发出光和热。这使太阳光芒闪耀，照亮了地球和太阳系别的星球。

微行星

气体和冰

离太阳较远的地方，组成圆碟的元素较轻，例如各种气体。此外，由于离太阳远的地方冷得多，气体开始凝结成冰粒。因此，在圆碟外缘处形成的星球是巨大的气态巨行星——木星和土星，与冰巨星——天王星和海王星。

气体

冰

微行星

太阳系形成的早期，尘埃和冰粒黏合在一起，形成了成千上万个小型岩石块，被称为微行星。这些微行星频繁地相互碰撞，持续稳定增大，直到最终结合成为地球或别的星球。

月球诞生

地球刚形成时，夜空中还没有月亮，只有地球孤零零的一个。

　　一种说法是，地球刚形成不久时仍是较软的岩石，由于转动得非常快，将一些又红又烫的液态岩飞溅到太空中，然后这些大块的岩石汇聚在一起就形成了月球。这种理论有点儿站不住脚，因为月球如此之大——是地球体积的四分之一，比环绕别的行星的卫星都要大得多。

　　还有一种观点是，月球是在别的地方形成的，当它与地球靠近时，被地球的引力捕捉过来。如果这个理论成立，那么月球应该像个迷你版的地球，并有一个很大的金属核心。然而月球的重量只有地球的六分之一，这意味着月球主要是由密度较小的岩石组成的。

　　登月宇航员带回来的月岩告诉我们，组成月球的岩石跟地球的地幔是一样的。地幔是坚硬的地壳下那一层厚厚的岩石。这个发现带来了一个关于月球形成的新理论，叫作"大碰撞说"。这个理论认为，太阳系形成之初的几百万年间，太阳系之中不止8个行星。大约45亿年以前，一个跟火星差不多大小的行星撞向地球，巨大的冲击力使两个行星熔化并熔合在一起，与此同时，两个星球上的很多岩石都飞溅到太空中，形成了一圈迷你卫星。在接下来的几百万年中，这些岩石不断互相吸引靠近，直到形成我们今天的月球。

月球的形成

这颗较小的行星以希腊女神月亮之母忒伊亚的名字命名。

忒伊亚

地球

这个碰撞理论也很好地解释了为什么地球的地壳——外层的坚硬岩石，比水星等其他星球都要薄得多。

月球刚形成时，离地球的距离比现在近得多，月球最初距离地球只有2253万米，现在向外移动到了距地球3840万米的位置，并且还在以每年4厘米的速度远离地球！

轨道碎片

月球

地球重量的三分之一来自它富含铁元素的地核，而月球只有一小部分是由金属组成的。

最早的海洋

地球是一颗以海洋为主的星球，也是太阳系唯一一个表面有液态水的星球。当地球冷却下来后，表面形成了由像水蒸气这样的气体组成的大气层，水蒸气聚集成云，云又化作雨落到地面，便形成了最早的池塘、河流，然后汇聚成海洋。

在海洋形成以前，地球得经历一系列巨大的变化。这颗年轻的行星最初是一团由金属、水、岩石和气体组成的沸腾的混合物。当地球逐渐冷却时，这些混合物形成了不同的层。其中最重的元素是金属，例如铁，下沉到地球的中心，形成了地核。直到今天，地核的温度仍然非常高，几乎有太阳表面那么高的温度。

火山

水蒸气和其他气体通过火山从地球内部向外喷发，形成了地球表面最初的大气层。

接下来的那一层是地幔，组成成分比金属轻一点儿，比如岩石。地幔的温度仍然高到足以将岩石熔化成为一种浓稠的液体——岩浆。再外面一层是地壳，由薄薄的一层冷却的、坚硬的岩石组成。最外面一层则是由最轻的成分——气体组成的，这创造了最初的大气层——包裹着地球表面的一层气体。

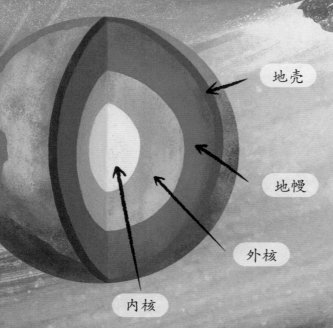

地壳

地幔

外核

内核

潮汐

海洋的潮汐是月球的引力造成的。海洋形成之初，月球离地球的距离还很近，引力的作用也更大。在有的地方，海浪甚至高达60米，是今天观测到的最高海浪的4倍。

大气

地球上最早的空气跟现在很不一样，是由水蒸气、二氧化碳、氨气和甲烷组成的。那时候地球上没有氧气，现在任何人呼吸了那样的空气，几秒钟内就会窒息死亡。

空气中的水蒸气凝结成厚厚的云层，雨水落下后，便聚集在地壳低洼处的盆地中，形成了最早的海。

宜居带

地球到太阳的距离刚好合适，温度低到能让水蒸气液化成水，又不至于太低让海水全部凝结成冰，这说明地球处于太阳系中的"宜居带"，意味着生命能在这里存活。生命离不开液态水，现在地球是唯一一个已知有生命存在的地方。然而，在地球最早的海洋中，完全没有生命的存在。

流星轰炸

在地球和其他行星形成之后，太阳系中还散布着数百万个较小的天体。由金属和岩石构成的叫作小行星，而由冰构成的则被称为彗星。大约39亿年前，大行星的位置发生了很大的改变，这将小行星和彗星推离了原来的位置，使它们开始撞向地球和月球。

数百万颗陨石撞向地球，其中大部分都比较小。但是，大约有2万颗陨石在地表留下了超过2万米宽的陨石坑。一个这样大小的陨石坑就能装下整个英国伯明翰市。还有一小部分陨石造成的影响更大，留下了巴西或澳大利亚那么大的陨石坑。地球的这一段历史被称为后期重轰炸期，这可能让地球表面又变回了一团滚烫的岩浆。

来自太空的水？

后期重轰炸期撞击地球的彗星大部分是由固态水组成的，这又增加了地球上的水资源。与其他行星相比，地球上的水资源十分充足，科学家们曾怀疑这些水是否都是在后期重轰炸期彗星撞击地球所带来的。为了寻找答案，人们向太空发射了太空探测器，去收集彗星上的水样本。然而到目前为止，收集到的这种太空水与地球上的水大相径庭。

看看月球

后期重轰炸期地球上留下的陨石坑已经被风、雨水和海洋侵蚀磨平了，而月球上的陨石坑仍清晰可见。通过计算后期重轰炸期在月球上留下的陨石坑的数量，科学家们推测出了当时地球上到底发生了什么。

这些剧烈的爆炸使地球表面变得滚烫。海洋（至少大部分海洋）都被烧干蒸发，大面积的地壳熔化成了一片片岩浆湖。

岩浆

原始汤

今天，我们的地球上生机盎然，很难想象地球形成之初没有半点儿生命的迹象。最可信的猜想是，38亿年前，海洋中出现了最早的生命，不过也有可能在此之前几千万年甚至上亿年，生命就出现了。我们关于生命起源最初的线索，就来自那个时代形成的岩石中的化学物质。

生命是怎样起源的呢？没有人能给出一个确切的答案。现在的生命体都是由细胞组成的（至少有一个细胞）。所有种类的细胞都是由同一系列复杂的化学物质构成的，例如蛋白质、糖和DNA。生命体在它们的细胞内制造这些化学物质。可在细胞存在之前呢？这些构成生命体的化学物质最初是怎么来的呢？一种说法是，这些物质是由原料混合物偶然创造出来的。这种原料混合物被称为"原始汤"。科学家们猜测，这种浆液是在海底热泉中被制作出来，随后创造出了简单的生命。

海底烟囱

海底热泉是这样形成的：冰冷的海水浸入海底，顺着裂缝向下流，直到被地幔的岩浆慢慢加热。这部分海水的温度不断升高，但并未沸腾变成水蒸气，而是从其他裂缝向上喷涌而出，形成一道道热喷泉。这样的喷泉看起来像是一缕缕黑烟，于是热泉的出口被叫作"黑烟囱"。这是因为被加热的海水中聚集了来自地下岩石中的各种盐类，当热泉与含盐分的冷海水相交融时，其中的盐类就转变成了尘埃颗粒或结晶，使海水的颜色变深。

化学物质加工处

多种化学物质在海底热泉中被搅拌混合，并相互发生化学反应，有时分解，有时又结合生成更加复杂的物质。经过数百万年的化学反应，今天生命体所需的化学物质在这些高温混合物中偶然出现了。

最初的细胞

最早的生命形式是类似于DNA的化学物质，它们可以利用"原始汤"中的原料进行自我复制。然后，这些极小的化学物质用薄膜将自己包裹起来。薄膜可以起到保护作用，并储存自我复制所需的原料。这便是最初的细胞，也是地球上最早的生命。

最近普适共同祖先

现在地球上所有的生命——从一棵橡树到一头蓝鲸，从一头骆驼到一朵毒蘑菇——都与同一种生物体有亲属关系。这种生物体就是**LUCA** (Last Universal Common Ancestor，最近普适共同祖先)。

LUCA 并不是地球上最早存在的生命。生命可能已经演化过一次或很多次，但今天所有的生物都跟LUCA使用一样的机制，利用DNA制造蛋白质（细胞的基本组成部分）。没人知道LUCA存在的具体时期。地球上最早的化石是34亿6000万年前的细菌，那么LUCA的出现至少在此之前。在那之后的差不多20亿年间，地球上仅有的生命是细菌和古菌——两种简单的单细胞生物，只有千分之一毫米那么长。而LUCA被认为是这两种曾经生活在温暖海水中的生物的共同祖先。

长长的身体

科学家们比较了今天的细菌与类似生命体运用的化学系统，发现LUCA最有可能近似于生活在无氧环境中、身体呈棒状的细菌。跟LUCA关联最近的可能就是生活在我们胃里的细菌了。跟这些细菌一样，LUCA可能长着像发丝一样的菌毛，用来收集获取水中的化学物质。

基因

在LUCA细胞内，有一组DNA和一些更小的叫作核糖体的单位。这些DNA携带着LUCA的基因——如何利用不同的化学物质制造细胞的指令。核糖体是细胞的工厂，遵照基因的指令合成组成细胞所需的化学成分。现在地球上所有活着的细胞中都有DNA和核糖体。

嗜极生物

　　LUCA被认为是一种嗜极生物，这意味着它能在当今大部分生物都无法存活的极端条件下欣欣向荣。像LUCA一样靠吸收化学物质为生的嗜极生物生活在温泉、极厚的冰层中，甚至地下深处的岩石中。

化学营养物

　　早期的生命并不会以别的生物为食，而是从水中汲取它们生存所需的化学物质。LUCA被认为吸收氢气和二氧化碳作为"食物"，然后制造并释放甲烷。甲烷就是天然气的主要成分，被用作燃料。现在在沼泽或泥泞的地方常有甲烷，但甲烷在LUCA存在的时期更为常见。

板块漂移

当地球的年龄差不多是现在的三分之一的时候，地球表面的形态发生重大变化，大陆和海洋开始移动，这个过程叫作"板块漂移"。

在地球早期，地幔最深部和最上部之间就存在巨大的对流。以地下66万米附近为界线，上下分别有对流产生。这个深度之上的地幔外层，是既坚硬又寒冷的岩石圈，岩石圈的下面是软流圈，那里的物质具有塑性，内部温度也很高。岩石圈就漂浮在软流圈上，并被分割成若干大小不同的球面块体，这就是板块。

与软流圈上部接壤的岩石圈下部，有些局部熔化的岩石使那里的岩石圈比较容易滑动，约32亿年前，板块漂移就此产生。大约27亿年前，随着地核的对流加强，上下两个对流合成了一个强大的对流，一方面产生了强大的地磁场，使来自太阳或宇宙的高能粒子辐射遭到拦截，促发了生活在浅海的蓝藻等微生物产生光合作用释放氧气，更使地壳板块运动变得频繁。由于地幔对流抬升露出水面的地壳形成的小块陆地（陆块）随板块漂移对撞、合并，最早的大陆开始形成。

厚与薄

海底的地壳十分薄，有的地方厚度只有几千米。这种薄薄的岩石是由海底火山爆发形成的。鲜红滚烫的岩浆在冰冷的海水中迅速冷却，形成高密度的黑色岩石。陆地区域的地壳则更厚，常常能达到5万米。虽然更厚，但它的体重却较轻，因此与海底地壳相比，陆地的地壳高高地浮在地幔的表面。

数十亿年间，板块漂移不断地改变着海洋与大陆的位置和大小，大陆有时距离很近，甚至完全连在一起，形成"超大陆"。有时则分崩离析，天各一方。直到今天，所有的大陆还在以每年几厘米的速度移动。

当板块相互挤压时，密度较高的一边会下沉俯冲到密度较低的一边下方。下沉的板块物质受到地幔加热发生熔融，形成岩浆，从而缓慢向上运动，最后汇聚到一起，形成一个巨大的岩浆囊。当岩浆囊中的气体压力累积到一定程度时，岩浆就会从一个通道（火山口）溢出或炸碎岩石喷出地表，火山就爆发了。

大陆板块

形成陆地

岩浆

大氧化事件

在24亿年前，仅在地球表面行走几秒钟都是致命的，因为那时还没有可呼吸的氧气。

现在我们空气中和水中的氧气都是由植物和它们的近亲——例如微藻和某些种类的细菌制造的。这类生物合成养分的方式是光合作用——利用太阳的光能将水和二氧化碳转化成糖分，并在这个过程中产生氧气，排放到空气中。

光合细菌在那之前很久，差不多距今34亿年以前，就开始演化了。但是，在大约24亿年前，光合作用产生了非常多的氧气，以至于改变了地球的大气环境。现在，氧气占空气的五分之一，地球也是宇宙中唯一一个大气中有大量氧气的星球。如果有一天，宇航员在遥远的地方发现一颗环绕着恒星旋转的，大气中也有氧气存在的行星，那可能意味着此处也有生命存在。

叠层岩

这一簇簇凸起的石头就是叠层岩——世界上最古老的化石之一。叠层岩是光照充足的海水中的光合菌聚集生长形成的。随着每一层细菌的死亡，新的一层又在此之上长出来。渐渐地，经过数千万年，叠层岩长得越来越大。最早的叠层岩已经有35亿年的历史了，它们在大氧化时期变得十分普遍。直到今天，还有极少数叠层岩仍在继续生长。

有毒的空气

　　大氧化事件为今天地球上的生物，包括人类，提供了得以生存的条件。可同时对大部分古老的细菌来说是一场致命的灾难。氧气将那些生物统统毒死了，现在，这些厌氧生物只能在氧气到达不了的岩石和泥土深处才能存活。

制造氧气

吸收
二氧化碳

阳光

复杂细胞

直到18亿年前，地球上的生命仅有极小的单细胞生物，例如生活在海水中和海底的细菌。这些细菌有的会结合起来形成团状或链状，相互依存。但是那时还没有出现像现在我们身体里这样的细胞。这些细胞比细菌细胞更大更复杂。那时，这种细胞以神奇的方式不断地演化。

有一种说法是，当不同种类的细菌结合起来共同工作时，构成现在人体、动物和植物的细胞就开始演变出现了。

更复杂的生物的细胞内有很多结构一起分工合作，这些结构被称为细胞器。细胞器包括细胞核——储存DNA的地方，线粒体——给细胞提供能量的结构。植物细胞中有叶绿体——进行光合作用的场所。叶绿体和线粒体曾经都是细菌，后来融合共生，组成更大更复杂的细胞——真核细胞，进而再发展，变大变复杂，分化出不同生存方式，就产生了今天动物、植物、真菌（比如蘑菇）的祖先。

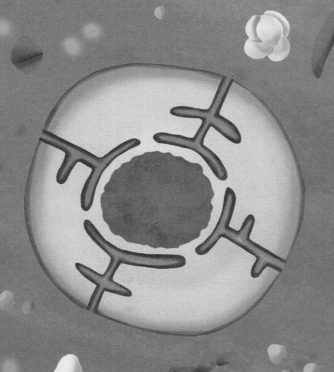

褶皱的细胞膜

首先细菌长出有很多褶皱的细胞膜将自己包裹住。这可能对它获取食物以及吸附在其他物体的表面有帮助，可到后来，这些褶皱变成了细胞内划分区域的一种方法。DNA被包裹在细胞核内，而细胞也长出管道和区室，来制造和区分自身所需的化学物质。

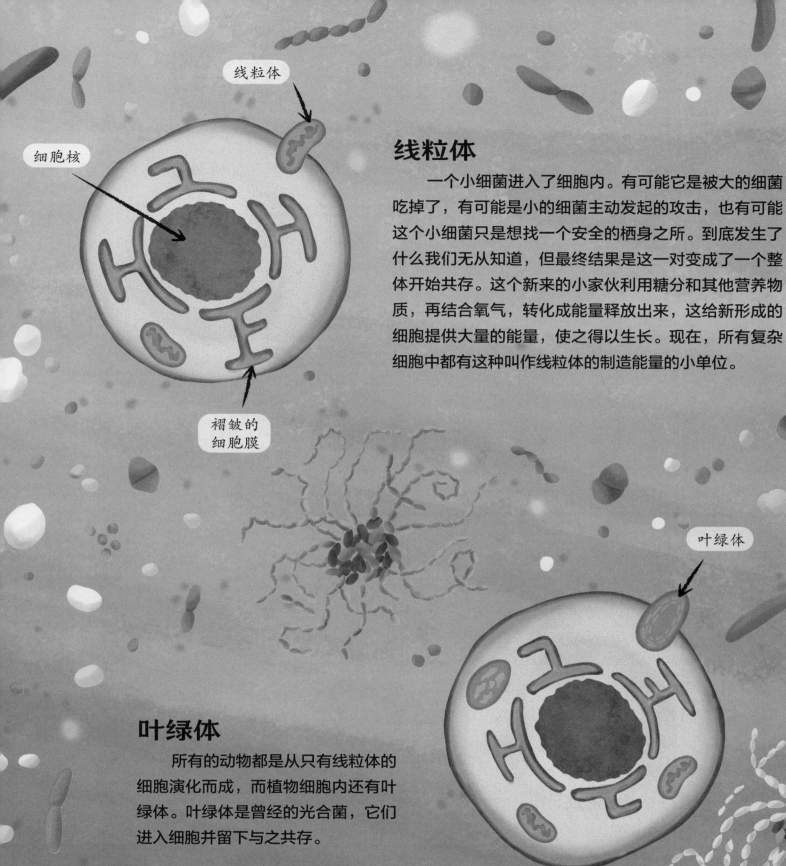

線粒体

细胞核

细胞核

褶皱的
细胞膜

线粒体

一个小细菌进入了细胞内。有可能它是被大的细菌吃掉了,有可能是小的细菌主动发起的攻击,也有可能这个小细菌只是想找一个安全的栖身之所。到底发生了什么我们无从知道,但最终结果是这一对变成了一个整体开始共存。这个新来的小家伙利用糖分和其他营养物质,再结合氧气,转化成能量释放出来,这给新形成的细胞提供大量的能量,使之得以生长。现在,所有复杂细胞中都有这种叫作线粒体的制造能量的小单位。

叶绿体

叶绿体

所有的动物都是从只有线粒体的细胞演化而成,而植物细胞内还有叶绿体。叶绿体是曾经的光合菌,它们进入细胞并留下与之共存。

雪球地球

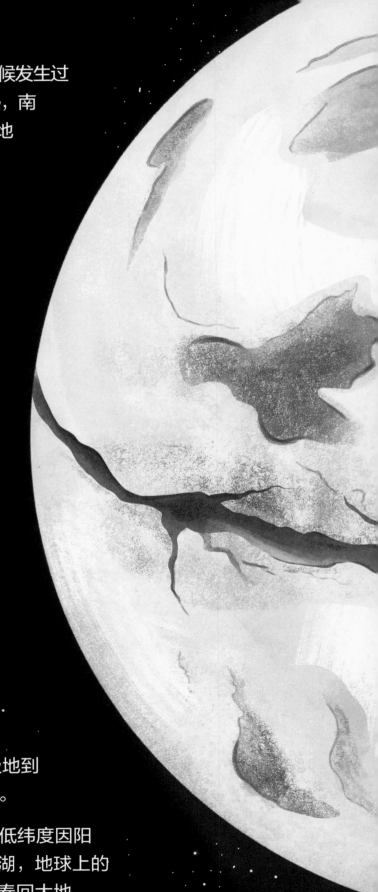

在漫长的地球历史中，地球的气候发生过多次极端变化。有时全球温暖甚至炎热，南北两极都不见冰雪。而另一种极端情况就是整个地球一片银白，好像一个特大号的"雪球"。这样的地球被形象地称为"雪球地球"。在距今7亿5000万年至6亿3500万年间，地球就经历过这样一次银装素裹，地质年代上形象地称为成冰纪。把地球变成"雪球"的原因，一种可能是当时聚集在赤道周围的罗迪尼亚超大陆裂解，大陆边缘海面积迅速增加，海中的原始生物的光合作用消耗和埋藏了大量的有机碳，使大气中的温室气体二氧化碳迅速减少，导致地球急速降温，变成"雪球"。另一可能是赤道附近发生了大规模火山爆发，形成了大面积的玄武岩，强烈而持续了5000万年的玄武岩风化作用迅速消耗大气中的二氧化碳，触发了地球变成"雪球"的扳机。罗迪尼亚超大陆裂解后小块陆地得到了更多降雨，加快陆上岩石被冲刷风化，消耗巨量二氧化碳，也可能是"雪球地球"的成因之一。

从苏格兰到纳米比亚，从澳洲腹地到中国三峡，科学家们在不同地区跨越亿年的地层中发现了冰川曾经覆盖的证据，经过古纬度复原，发现这些地层覆盖了7亿5000万年前从极地到赤道的全部地域，佐证了"雪球地球"的存在。

在漫长的雪球地球时期，在海底热泉，在低纬度因阳光温暖融化冰层露出的少数开阔水域，在冰下湖，地球上的生命仍在顽强地生息繁衍。它们在蛰伏，等待春回大地。

白色的星球

白色的冰面将阳光及其带来的热量反射回太空，这进而让地球变得更冷，冰层变得更厚。这种颜色与温度之间的关系让雪球地球持续了很长时间。

在雪球地球时期，赤道的平均温度是零下20摄氏度，跟今天南极洲的温度差不多。全球平均温度则是零下50摄氏度。

由于火山向空气中释放越来越多的气体，留住了阳光带来的热能，地球这个大雪球终于开始慢慢融化了。

复杂生命

雪球地球的冰雪融化，给生命的发展提供了绝佳的条件。冰层侵蚀了岩石，给海洋带来了更多的矿物质。与此同时，海洋中的藻类与细菌又向空气中排放了大量的氧气。细菌、藻类，以及很多别的种类的生命都是单细胞的。然而这时候，很复杂的生物开始演化形成，它们的身体由上百万乃至上亿个分工合作的细胞组成。

今天的动物和植物体内有成千上万亿个细胞一起运作，但最早的复杂生命体仍然是个谜。90年前，人们在澳大利亚的埃迪卡拉山丘发现了这些最早的复杂生命体的化石，于是便以此将它们命名为埃迪卡拉生物群，现在这个名称泛指生活在那个时期的世界上所有的生物。没有人知道埃迪卡拉生物群与现在的动植物是否一脉相承，其中有些可能是早已灭绝的完全不同的生命形式。

金伯拉虫

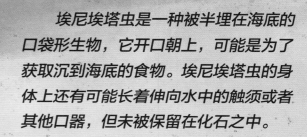

埃尼埃塔虫是一种被半埋在海底的口袋形生物，它开口朝上，可能是为了获取沉到海底的食物。埃尼埃塔虫的身体上还有可能长着伸向水中的触须或者其他口器，但未被保留在化石之中。

埃尼埃塔虫

与很多埃迪卡拉生物群中的其他成员一样，金伯拉虫的身体中间也有一条对称线，它的头长在一端。从它在海底爬行留下的痕迹来看，它的口器应该长在身体的下方，从海底收集食物。

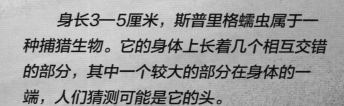

斯普里格蠕虫

身长3—5厘米，斯普里格蠕虫属于一种捕猎生物。它的身体上长着几个相互交错的部分，其中一个较大的部分在身体的一端，人们猜测可能是它的头。

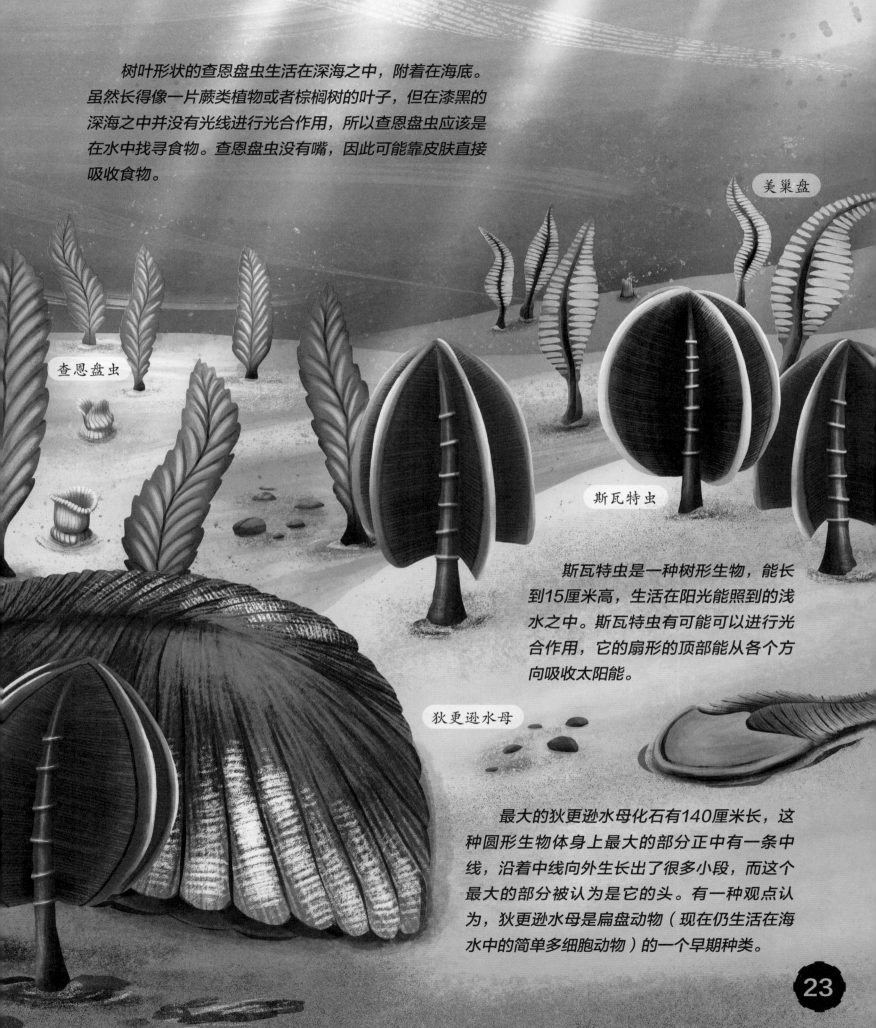

树叶形状的查恩盘虫生活在深海之中，附着在海底。虽然长得像一片蕨类植物或者棕榈树的叶子，但在漆黑的深海之中并没有光线进行光合作用，所以查恩盘虫应该是在水中找寻食物。查恩盘虫没有嘴，因此可能靠皮肤直接吸收食物。

美巢盘

查恩盘虫

斯瓦特虫

狄更逊水母

斯瓦特虫是一种树形生物，能长到15厘米高，生活在阳光能照到的浅水之中。斯瓦特虫有可能可以进行光合作用，它的扇形的顶部能从各个方向吸收太阳能。

最大的狄更逊水母化石有140厘米长，这种圆形生物体身上最大的部分正中有一条中线，沿着中线向外生长出了很多小段，而这个最大的部分被认为是它的头。有一种观点认为，狄更逊水母是扁盘动物（现在仍生活在海水中的简单多细胞动物）的一个早期种类。

寒武纪生命大爆发

在这个时期，各种各样的生命都爆发式地蓬勃发展，整个地球生机盎然。这个过程实际上历经至少2000万年，但按照一日24小时的时间轴来算的话，只有几秒钟而已。这个时期接近尾声的时候，我们今天能看到的动物世界的大部分分支都已经出现了，其中包括水母、节肢动物、软体动物，以及类似鱼的生物——也是人类远古的祖先。

寒武纪生命大爆发的一个原因是，动物都逐渐通过各种不同的演化方式，让自己的身体变得更坚硬、更强壮。埃迪卡拉生物群的身体大多很软，一受到挤压就很容易受伤。然而，后来的动物利用海水中的矿物质长出硬壳、起到保护作用的甲以及坚实的内部骨架。

另一个原因就是物种多样性、生命多样化的力量。至此，海洋中已经有许多种新的生命形式，这又促使更多种类的物种演化形成，直到古老的海洋中充满了蓬勃的生机。

皮卡虫

威瓦亚虫

表面上可能看不出来，但这种长5厘米、长着棘刺的生物可能跟足虫（与蚯蚓属于同一门）是亲属系。不过科学家们不能完全确定。

三叶虫之拟油栉虫

三叶虫一般在海底爬行搜寻食物。

奇虾

寒武纪海洋中的霸主，顶级掠食者，最长能长到2米以上，是节肢动物的祖先类型。它能快速游泳。奇虾有一张圆形大口，里面像齿轮一样分布着锋利牙齿，连装备了"装甲"——外骨骼的三叶虫也是它口中的美味。

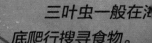

海口鱼

海口鱼是已知的最早的鱼类，它的体内有一副骨架，包括脊椎骨。现在，从鲨鱼和蛇到大象和人类，所有拥有脊椎的动物，都与海口鱼有亲属关系。

三叶虫

三叶虫是一个庞大的远古节肢动物家族，出现在寒武纪的海洋中，直到二叠纪至三叠纪之交的大灭绝才彻底消失。三叶虫的身体从纵向看，由一条突起的中轴贯穿，胸部两侧则是一条条肋骨状的体节。这些体节组成的两片"肋叶"，加上中央的"轴叶"，一共三片"叶子"，因此得名。

怪诞虫看起来像一只长着长长的腿、背上长满棘刺的蠕虫。它属于典型的叶足动物。头部不明显，躯干圆柱状，腹侧有9对足，也形如细长的圆柱，背上有7对刺。它被认为可能是现在昆虫和甲壳类动物（虾、螃蟹）的祖先。

怪诞虫

马尔虫

马尔虫是最早的节肢动物之一，能在水底上方游动，它用羽毛状的鳃来帮助自己漂浮于水中。

欧巴宾海蝎

长着圆顶状的壳和分段的腿，加拿大盾虫被一些研究者认为可能是甲壳类动物的亲属。现在甲壳类动物包括龙虾、虾以及陆地上的潮虫。

加拿大盾虫

另一个种类的猎手——欧巴宾海蝎，比奇虾小得多，只能长到几厘米长。欧巴宾海蝎用类似于象鼻的口器从海底的泥沙中捕捉食物。

海洋生命

当海洋中的生命越来越丰富，一场疯狂的竞赛就开始了。捕猎动物演化得越来越强壮，并长出强有力的武器来捕获猎物。同时，猎物也变得越来越大，以击退袭击者。于是，动物逐渐稳步变大、变复杂，外形也开始与我们今天看到的动物越来越接近。在大约4亿2000万年前，海洋中出现了今天的鱼与陆生动物的祖先。

裂口鲨

裂口鲨是最原始的软骨鱼类的代表，是已知的最古老鲨鱼，软骨鱼的鱼鳍是薄而柔软的骨头，非常灵活。

头甲鱼

像头甲鱼这样的早期鱼类没有用来咬合、咀嚼的颌骨，因此它在海底的沙里不停地搜寻，吸入虫子和别的食物。头甲鱼能长到50厘米长，是当时最大的鱼类之一。它的头上长着骨头的硬甲，当面对来自上方的袭击时，能起到保护作用。

这个奇怪的生物是少数直至今日依然存活着的动物之一。别被它的样子误导了，这可不是螃蟹，而是蜘蛛和蝎子的远亲。鲎用自己的10条腿在海底快速爬行，它的血液还是蓝色的！

长鳞鱼

这条小小的10厘米长、没有颌骨和鳍的鱼，用它圆圆的嘴吸入海底软软的泥沙，再过滤出其中的食物碎屑。

鲎

钝齿宏颌鱼

房角石

钝齿宏颌鱼属于盾皮鱼纲，是最早长有下颌的鱼类之一。它没有牙齿，但用于咬合的颌骨是尖尖的骨头，可以用来切断、碾碎食物。

这个长着触手的贝类动物，是章鱼和乌贼的祖先，也是那个时期海洋中最兴盛的动物家族——鹦鹉螺类成员。壳体平直，触手发达，性情凶猛。有些巨型的能长到6—9米！

翼肢鲎是一种海蝎，靠两只强壮的钳子，在远古海洋中称霸一方。翼肢鲎属于节肢动物——动物的一大类群，包括今天的昆虫、螃蟹、虾和蜘蛛。这一类的动物的腿都是分节的坚硬骨骼，由很多关节将各节相连。海蝎现在已经灭绝了，不过它们在远古的海洋中十分常见。翼肢鲎最大能长到2.3米左右，是海洋里最强劲的猎手之一。

翼肢鲎

肉鳍鱼

在这个时期前后，另一个种类的鱼也出现了。骨骼将它圆形的鱼鳍变硬，这使鱼鳍足够强壮并能在岸边行走。这些肉鳍鱼是今天的青蛙、蜥蜴、哺乳动物、鸟类等大型陆生动物的祖先。

盲鳗

瘦长的盲鳗也是在这个时期演化而成的，是今天仍存活着的少数无颌骨鱼类之一。

陆地生命

最早离开海洋到陆地上生活的动物极有可能是海蝎。早在4亿3000万年前，海蝎很可能为了躲避捕食者的追捕而急急忙忙逃上了岸。不过它们并不能在岸上逗留太久，而且陆地上也没有别的生命。

直到后来植物经过演化能够在空气中存活，一群动物才随之来到陆地定居。这些最早的陆生植物比我们今天看到的植物要矮小得多，可仍然为各种动物，包括各种昆虫，创造了一个小小的丛林。

莱尼蕨

这种植物的茎的中间是空心的管道，水能自下而上流向植物的顶部，这让莱尼蕨能长得很高，从而吸收更多阳光。

顶囊蕨

这类早期植物没有叶和根，而是用绿色的茎进行光合作用。每根茎的顶部都长着一个囊，向风中释放孢子。孢子落到地上后便发芽生长成一株新的植物。

角怖蛛

角怖目的代表角怖蛛的身体和附肢上布满细毛，用来探知空气的微弱震动，发现猎物和天敌。它脚尖上长有爪垫和钩毛，可以抓牢植物的枝干，竖直攀爬，或者倒挂身体都不成问题。不过它还不是真正的蜘蛛，不能纺丝也没有毒性。它主要捕捉植食性的多足类和六足类，螯肢演化成尖利的獠牙，可以像刺刀一样刺穿并杀死猎物。

原杉藻

跟植物一样，真菌在这个时期也随处可见，并且是那时最高的生物，在某些地方能长到8米之高。这些树干状的生物里可能长着微型藻。真菌给微型藻提供了居住的场所，而作为回报，微型藻给真菌提供养分。

羊角蕨

它现在还存活着的亲属群叫作角苔门。

阿格劳蕨

阿格劳蕨被认为是石松属植物的一个早期种类。虽然后来石松一度演化成了参天大树，但在那时，还只是并不常见的低矮植物。

始马陆

今天的千足虫和蜈蚣都与它有亲属关系。始马陆身长3米左右，是当时最大的动物之一。

最早的森林

在这个时期，地球的气候变得更加温暖湿润，地球上的植物已经演化得越来越接近我们今天所看到的。最初的茂密森林形成了，里面长满了参天大树。不过，这些高大的植物跟现在的树并没有关系，而是蕨类和苔藓的亲属。

这些蕨类和苔藓组成的沼泽森林里，孕育着多种生命，包括早期的四足动物。在那时，这些四足动物都是两栖动物——幼年时期在水中度过，成年后则来到陆地上生活。今天的两栖动物大多是蛙类、蟾蜍、蝾螈和鲵，在长相上跟它们远古时期的祖先大相径庭。但所有长着四肢的动物，包括爬行动物、鸟类和哺乳动物，都是从这些早期的四足动物演化而来。

巨脉蜻蜓

笠头螈

这种两栖动物用宽宽的头来帮助自己游动。当它在水中移动时，宽箭头形状的头像翅膀那样将它的身体向上推出水面。

肺蝎

最早能在空气中呼吸的蝎子跟今天的蝎子几乎一模一样。

30

这种蜻蜓展开翅膀能达到65—70厘米宽，几乎跟鸽子差不多大！由于现在空气中的氧气要少得多，这么大的昆虫在今天已经无法在地球上存活了。在森林形成之初，空气中充足的氧气让那时候的动物能长到比现在的大得多。

树蕨

这些树既不开花也不结果，但它们是最早有木质树干的植物，这使它们足够强壮，得以长到50米高。树蕨死亡后倒在森林的地面上，却没有任何以枯木为食的生物。今天，这些木头会被像白蚁和甲壳虫幼虫这样的昆虫吃掉，再被真菌分解腐烂。可在那个时期，地上的树干被更多树木和泥土层层覆盖。这些被掩埋的木头渐渐地转变成为煤，形成了厚厚的煤层，填满了这个时期形成的岩石。

鲵

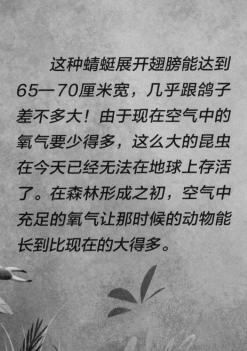

这种50厘米长的四足动物同时拥有蝾螈强壮的尾巴和青蛙的大嘴，不过通过它那四条跟蜥蜴一样向外伸展的腿，我们可以知道它大部分时间都是在陆地上生活的。在这个时期，有很多像这样的四足动物，不过它们并不是今天大型陆生动物的直系祖先。

这种四足动物能长到1.5米长，不过它的头十分大，占身体的三分之一。这样的身形使它很难在陆地上灵活行动。因此，恶魔螈可能生活在靠近河岸的浅水区，在陆地与河水之间来回移动。

恶魔螈

节胸蜈蚣

节胸蜈蚣是地球上出现过的最大的节肢动物。节胸蜈蚣有一百多条腿，因此当它轻轻爬过布满青苔和蕨类植物的森林土地时，一定走了很多很多步。节肢动物是动物的一大类群，包括一切有外骨骼和有很多关节的腿的动物，其中包括今天的蜘蛛、昆虫和甲壳动物。节胸蜈蚣可能是千足虫的一个巨型亲属。

干旱的陆地上

截至此时，地球的温度不断升高，大陆变得愈加干旱。森林缩小了，沙漠随之扩大。

最早的陆生动物的生存模式跟今天的两栖动物——例如青蛙和蝾螈——差不多。它们长着柔软湿润的皮肤，在水中或是潮湿的泥土里产下由黏液覆盖着的卵。这类动物不能离开充足的水源，不然它们的卵就会因失水而死。

当地球不断变暖变干，一类新的、能远离水源生存的动物出现了。它们的皮肤表面覆盖着一层蜡状的防水鳞片，使之能承受炎热干燥的自然条件。它们产的卵也由硬壳包裹着。卵壳维持着内部胚胎生长所需的水分和养分，同时也具有透气性以保证幼崽的呼吸。

这些顽强的动物就是最早的爬行动物。它们是今天的蜥蜴、乌龟、鳄鱼和蛇的祖先。其中一些演化出了恐龙、翼龙，还演化出了鸟类，而另外一些兽孔类爬行动物开始演化出皮毛等接近哺乳动物的特征，这些爬行动物被命名为似哺乳类爬行动物，这就是哺乳动物的祖先。

盘龙

盘龙是爬行动物世界最早的大型捕猎者之一，它长着长长的尖牙，从河中捕鱼或者伏击陆地上较小的爬行动物。盘龙的脊椎上方向外伸出一根根长长的脊骨，形成一扇像帆一样的峰，并且能上下伸缩，或许可以用来求偶和威慑猎物。不过这扇峰的主要功能是控制体温：在寒冷的早晨，它升起帆以吸收更多阳光带来的热能；而在炎热的正午，又迎着风展开它的峰来释放多余的热量。

这个全副武装的怪兽长着厚厚的皮肤，脸上有突起的骨块，四条健壮的腿将身体高高地托住。盾甲龙可能是群居动物，在干旱的沙漠中长途跋涉寻找植物果腹。

狼蜥兽

盾甲龙

从它巨大的头骨和长长的獠牙我们可以知道，狼蜥兽是狩猎动物；而精瘦的身体和长长的腿说明它一定跑得很快，正如今天的狮子和狼一样。没有多少动物能顶得住一群这样的怪兽发起的袭击！

杨氏蜥

这个小家伙显示了爬行动物和两栖动物之间的联系。它的躯干跟蜥蜴很像，长着强壮的腿和粗壮的尾巴，在陆地上爬行的时候也会像蜥蜴那样左右摇晃着身体。人们推测杨氏蜥可能生活在洞穴之中。它还长着三角形的头和小小的牙齿，可能以昆虫为食。

双齿兽

这种体形较小的动物长着大大的头和形似喙的嘴，两颗小尖牙分别从下巴的两边伸出来。双齿兽被认为是植食性的穴居动物，能用它的嘴在地下打洞。

地球时间

22:40

2亿5200万年以前

大灭绝

这是地球史上，地球上的生物面临的最危险的时刻。该事件的正式名称是"二叠纪—三叠纪灭绝事件"，但更多人称之为"大灭绝"。在海洋中，百分之九十六的物种都灭绝了，其中包括所有的三叶虫种类。陆地上，灭绝物种的比例达百分之七十五。这也是第一次以及唯一一次，昆虫在物种灭绝事件中受到重创。

大灭绝为什么会发生呢？很有可能是由于形成西伯利亚暗色岩的巨大火山爆发，一系列的火山爆发在今天俄罗斯所在之处形成了大面积的岩浆。但这些岩浆并不是从火山口喷发出来的，而是直接从地壳的一条长长的裂缝中涌出，并且一直持续了100万年！那时，700万平方千米的岩浆在陆地上铺开，形成了一层新的厚厚的岩石——暗色岩。

随着这次爆发，巨量的二氧化碳和其他气体被释放到大气层，使地球的温度迅速升高。科学家们推测，赤道附近的海洋温度达到了40摄氏度，跟泡热水澡的温度差不多了。高温不仅杀死了很多植物和动物，也改变了水中的化学成分，使生命无法在其中生存。致命的硫酸盐气溶胶在全球扩散，造成持续性的酸雨，臭氧层减薄。

不过，生命还是顽强地延续了下来。大约1000万年之后，地球上的动植物又是一片欣欣向荣，新的种类的植物和动物演化出现了，其中就包括恐龙。

恐龙和它的表亲

地球发展到此时，一种新的动物开始称霸世界，它们就是恐龙——名字的意思是"恐怖的蜥蜴"，在此之后的1亿5000万年间，恐龙演化成为地球上最大最凶猛的动物。在那时，我们今天的7个大洲连接在一起，形成了一整块巨大的、被森林和沼泽覆盖着的陆地，被称为"盘古大陆"。这对恐龙来说是绝佳的条件，因为它们能较容易地迁徙到各地，直至称霸全球。

波斯特鳄

在恐龙时代的早期，仍有较大、较凶猛的爬行动物，作为恐龙表亲的波斯特鳄就是其中最大的种类之一。这个猎手与鳄鱼的亲属关系比恐龙更近，靠后肢跟踪伏击猎物。

布拉塞龙

布拉塞龙体形十分巨大，属于似哺乳爬行动物，是现代哺乳动物的早期亲属。

犬齿兽是公认的最早的哺乳动物之一，出现于约2亿年前。体长差不多跟小猫一样，以昆虫和小型蜥蜴为食。科学家推测它们昼伏夜出，以躲避恐龙。

犬齿兽

36

翼龙（学名的意思是长着翅膀的蜥蜴）是最早的会飞的爬行动物类群，是恐龙在天空中的表亲。像蝙蝠那样，翼龙的翅膀是光滑的皮肤，由长长的肱骨、桡骨和指骨撑开。比起飞翔，它们可能更擅长滑翔，展开翅膀就能滑行往返于树顶之间。

翼龙

板龙是早期巨型恐龙的一种。它以树叶和嫩枝为食，并能靠后肢站立，来够到高处的枝叶。板龙可能是群居动物，以防御波斯特鳄的袭击。

板龙

太阳神龙

太阳神龙以美洲原住民部落霍皮族（位于今天的美国新墨西哥州）的太阳神命名，是恐龙最早的种类之一。太阳神龙展示了恐龙比同时代别的爬行动物更为先进的地方：它能用健硕的后腿行走奔跑，而前腿可以像手臂那样抓住食物。

腔骨龙是一个跑得飞快的猎手。它的身体颀长，骨头很轻，脖子也很长，嘴里还长满了尖牙，可以死死咬住猎物。化石专家们认为腔骨龙主要捕食小型恐龙和小型远古鳄鱼。

腔骨龙

海洋巨物

到此时，世界上的陆地被分成两块超大陆：北边的劳亚大陆和南边的冈瓦纳大陆。而超大陆之间变大的空隙形成了一片新的海洋，名为特提斯洋。大陆沿岸以及岛屿四周出现了很多浅海区，这给海洋生命提供了很多新的生存空间。在陆地上，恐龙一家独大，而海洋中却有无数千差万别的巨型爬行动物——外加一些超级大的鱼！

长着鱼鳍和扁扁的尾巴，鱼龙拥有适合游泳的绝佳身形。乍一看，这种动物长得十分像海豚或鲨鱼，不过它们其实是爬行动物（它的学名的意思是"鱼蜥蜴"）。这类爬行动物到水面上呼吸空气，在水中捕食。它们的嘴里长满了细密的牙齿，好牢牢咬住滑滑的猎物。大部分鱼龙都差不多3米长，可最大的能达到20米。为了能在黑暗的深海中看得清楚，鱼龙长着一双橄榄球大小的眼睛，是有史以来所有动物中眼睛最大的。

鱼龙

浅隐龙

弓鲨

浅隐龙是另一种海生爬行动物，是蛇颈龙类的一属。它长着僵直的长脖子和一个小脑袋。有人认为长长的脖子有利于帮助它将身体隐蔽在阴暗的浑水中，而它的头则能偷偷靠近乌贼或鱼群。

这个海洋猎手是今天的鳄鱼的亲属，不过它没有脚，而是长着蹼，还长着鱼一样的尾巴，生活在远离海岸的大洋中。跟鳄鱼不一样，中喙鳄可能无法回到陆地生活，也多半在海洋中繁殖。

利兹鱼以最早发现该物种化石的英国城市命名，是地球上存在过的所有鱼类中最大的。利兹鱼能长到16米长，跟座头鲸一样大。不过这种巨大的鱼并不是凶猛的猎手，它张着嘴游动，过滤出海水中小小的浮游生物，然后吞下去。

中喙鳄

利兹鱼

滑齿龙是蛇颈龙的另外一个种类，这个种类长着短脖子和巨大的头骨。滑齿龙身长6米，长着四只用来跟踪猎物的健壮脚蹼，可能会袭击较大型的猎物。

滑齿龙

这是那个时期最常见的鲨鱼种类。弓鲨长着两种不同的牙齿：用来碾碎贝壳的较平的牙齿，和用来咬住猎物的尖牙。

39

巨型恐龙

恐龙时代持续了大约2亿年，见证了上千个不同种类的恐龙的演化。到距今1亿5000万年前，恐龙已经演化得十分成熟并且体形巨大。植食性恐龙会吃大量的枝叶，而捕食者必须变得更大更聪明，才能捕杀这些巨大的猎物。在这个时期，恐龙中的另一个分支也开始进化，这些神奇的动物直至今日仍然存在，不过现在我们把它们叫作鸟！

没有多少恐龙比剑龙的特征更为明显。这种植食性动物的背上长着17块直立骨板，从这些骨板大而奇怪的形状可以看出它们可能主要是用来展示的，而剑龙巨大的带刺的尾巴则用来防御捕食者。

梁龙

梁龙一般体长可达25米，是世界上出现过的最长的动物之一，体重10—16吨。这种植食性恐龙能用它长长的、纤细的牙齿从树枝上剔下一串串树叶。

剑龙

异特龙

异特龙是这个时期最常见的肉食性恐龙。虽然异特龙的咬力并不是很强，但它的颅骨异常强固，十分适于捕猎。它们可以集体合作，捕食比自己体形更大的猎物。锋利的牙齿能给猎物造成致命的伤口，而它眼睛上方的一对角冠，作用尚无定论。

虽然梁龙身体更长，但腕龙是梁龙的两倍重，能达到34吨，有差不多5头大象那么重！腕龙也很高，有巨大而稳固的前腿支撑着，它的脖子能伸到12米长。跟梁龙一样，由于背部和脖子骨头中的气囊，它的骨架十分轻。

腕龙

始祖鸟

食草性的禽龙是科学家们最早发现的恐龙种类之一。早在1820年，禽龙的骨架就在英国被挖掘出来了。禽龙的学名意为"鬣蜥的牙齿"，之所以这样命名是因为它们的牙齿像是鬣蜥牙齿的放大版。禽龙前肢上长着4根"手指"和形似钉子的拇指，十分有威力，可能作武器，也可能用来抓扯植物送进口中咀嚼。

禽龙

这到底是鸟还是恐龙？答案是——它介于二者之间。跟鸟类一样，始祖鸟拥有长满羽毛、用于飞翔的翅膀，可它又跟恐龙一样，尾巴里长着尾椎，长喙之中也有牙齿。始祖鸟不与别的种类的恐龙生活在一起。它们比现代的鸟类重得多，所以可能先用翅膀上的尖爪紧紧扣住树干向上爬，然后再纵身一跃跳向空中滑翔！

41

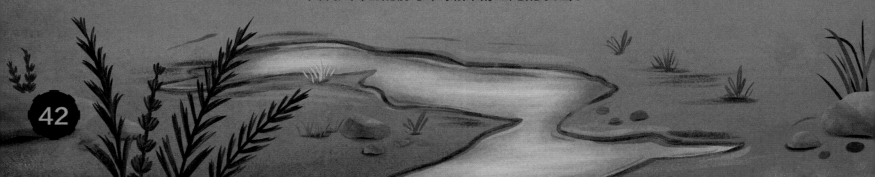

恐龙大灭绝

就在一瞬间，地球的命运便永远被改写了。一块直径至少10千米的巨大陨石撞向了一个叫希克苏鲁伯的地方——位于今天的墨西哥尤卡坦半岛海岸，在地壳上留下了一个深20千米、直径180千米的陨石坑，面积比威尔士还要大。突如其来的撞击造成了无比剧烈的狂风。海水涌入陨石坑，引发了波及整个海洋的海啸。当汹涌的波涛拍向遥远的海岸线时，卷起的海浪波峰超过1千米——比世界上最高的摩天大楼还要高。

紧接着，一团温度极高的灰尘和气体喷涌而出，朝各个方向铺天盖地弥漫开来，覆盖了直径1万千米的区域。在此范围内的任何活物都被瞬间蒸发，较远处的动物也遭受到了从天而降的滚烫碎片和灰烬带来的伤害。这次撞击带来的影响至少是有史以来记录到的最强地震的1千倍。极大的撞击波让地壳裂开，使该区域的部分地壳坍塌，进而在全球各地引发了地震。空中满是尘土与灰烬，在接下来的好几年都遮天蔽日。地球上的大部分植物都在黑暗之中枯萎死亡，而动物也随之被饿死。在短短几年间，地球上大约百分之七十五的生命，包括所有非鸟类的恐龙、翼龙和大部分海生爬行动物都灭绝了。这次灾难的幸存者都是能在寒冷环境中存活的小型动物，例如哺乳动物和鸟类。

如果那天，这颗小行星早一点或者晚一点儿撞上地球，就会跌入大西洋或者太平洋的深水之中，也不会造成那么巨大的影响。恐龙真是太不走运了！

霸王龙和三角龙

这两种最有名的恐龙见证了这最后的时刻。霸王龙是恐龙中最有名的猎手，它长着强有力的嘴，咬力比北极熊强12倍，在捕食的时候，能一口咬断猎物的脖子。三角龙的头骨后部伸出一扇骨头褶边作为屏障，来保护自己的脖子，抵御霸王龙的袭击。

哺乳动物的兴盛

自从让恐龙和其他大型爬行动物彻底消失的大灭绝事件之后，地球的温度升高了许多。南北极都没有了冰，森林、沼泽和草原的面积也比今天大得多，这给哺乳动物的演化和称霸全球提供了充足的空间。在那之后的几百万年间，现在的主要哺乳动物种类——从土豚到斑马——的祖先都演化出现了，不过它们普遍体形较小，长得也与我们今天看到的动物不太一样。

这种生活在树上的小型哺乳动物是今天的灵长类动物，包括猴子、猿和人类的最原始的直系祖先。跟今天的灵长类动物一样，德式猴长着两只朝向前方的眼睛，这使他们能在枝丫纵横交错的密林中看得更清楚。

德式猴

原蹄兽

原蹄兽是一种长着奇数脚趾的有蹄动物，例如马、犀牛和貘的祖先。它们很可能小群聚居，并以植物为食。

牛鬣兽

这种身长1米、看起来很凶猛的动物是当时较大的捕食者之一。它长着坚固的下巴，嘴里长满了长长的獠牙。牛鬣兽是早期的肉食性哺乳动物之一。

双犬齿鳄是一种生活在沼泽地带的十分凶猛的捕猎者，也是短吻鳄与凯门鳄的祖先。今天这些大型的爬行动物主要生活在美洲，可它们曾经遍布全世界。当别的大型爬行动物在大灭绝中全部死去时，鳄鱼，例如双犬齿鳄，存活了下来，因为它们十分擅长在水边捕猎，今天也仍是如此！

双犬齿鳄

鳖

鳖一般生活在淡水，与乌龟有一些不同之处。它们不像乌龟那样长着起保护作用的硬壳，鳖长着软壳，上面还罩着一层皮。在浑浊昏暗的泥水中捕鱼时，鳖会像浮潜那样，仅将鼻子伸出水面呼吸。这能帮助它们逃过捕食者的眼睛，不过这一招并不是次次都奏效！

这种不会飞的鸟超过2米高，长着大大的、钩状的喙。这种生活在北美和欧洲森林中的动物看起来很可怕，可是专家认为冠恐鸟是植食性动物而不是捕食者，它们的喙其实是用来咬断树枝和敲开果实的。

冠恐鸟

古鼷鹿

这种小小的哺乳动物只有50厘米长，不过被认为是今天偶蹄动物，包括羊、牛、鹿、河马和长颈鹿的祖先。跟古鼷鹿一样，这些动物行走的时候都踮着脚，而它们厚厚的蹄就相当于我们的指甲。

怪兽时代

接替恐龙兴盛起来的动物大多体形较小。但到了大灭绝事件之后的2900万年，地球上又演化出以今天的标准来看体形庞大的动物。怪兽又回来了！

在大型猫科动物、熊和犬类成为陆地上食物链顶端的捕猎者之前，肉食性哺乳动物中最凶猛的便是鬣齿兽。鬣齿兽的体形跟非洲狮差不多大，且力量与速度俱佳。

鬣齿兽

安氏兽

我们找到的关于这个怪兽的痕迹仅有一片头颅骨和上颌骨。化石专家们据此推断出，安氏兽是一种身长约5.5米的大型捕食者，外形或近似于长着长鼻的狼，并且可能与河马和鲸存在亲属关系。

46

这个怪兽是雷兽科体形最大的家伙，也是那个时期最大的群居动物。大角雷兽能长到2.5米高，7吨重。它的头颅骨前端长着一个70厘米长的骨突，使鼻端鼓鼓的。大角雷兽能用这个大喇叭发出巨大的咆哮声，因此得名。大角雷兽跟今天的马和犀牛是亲属关系。

大角雷兽

额尔登巨犀属

额尔登巨犀属是今天的犀牛早已灭绝的近亲。它是地球上出现过的最大的陆生哺乳动物之一，平均体重是非洲大象的3倍，从它巨大的蹄到宽广的肩部超过4米，再加上头和长长的脖子，让它能吃到树顶上最嫩的叶片。

完齿豨大小如牛，它们以植物为主食，但也偶尔会抢夺别的食肉动物的猎物来改善伙食，甚至不拒绝吃腐肉。这么能吃的家伙是怎么灭绝的，科学家至今没搞明白。

完齿豨

47

早期人类

地球的温度缓慢且稳定地下降了几百万年。随着地球上越来越多的水凝结成冰聚集在南极和北极，海平面逐渐下降，陆地也变得更加干燥。茂盛的丛林开始缩小，取而代之的是炎热干燥的草原。

丛林是很多擅长生活在树木之间的动物的家园，其中就包括灵长类动物，例如猴子和猿，它们的大脑思维敏捷，记忆力好，而且身体十分灵活。大约800万到700万年之前，一种较大的非洲猿——也是今天大猩猩的远古近亲——逐渐离开森林来到开阔的土地上生活。在这一群猿中，就有我们的祖先。随着时间的推移，若干不同的人属物种开始生活在非洲草原上。

能人，意为"能用手的人"，之所以以此命名，是因为他们是最早被发现的能使用工具的早期人属种。不过现在我们知道很多其他早期人属种也会使用工具。这些工具包括砍砸器——一端呈圆形，另一端被削成尖刃的石头。

能人

南方古猿

南方古猿包括几个不同种，是整个人属，包括我们的祖先。南方古猿体形较小，最高的差不多只有1.4米，他们靠后肢行走，不过仍长着擅于爬树的长手臂，这样就能睡在树上以躲避捕食者。南方古猿生活在森林的边缘，以及平原上的小树林里。他们还会制造简单的工具来挖掘和砍砸。

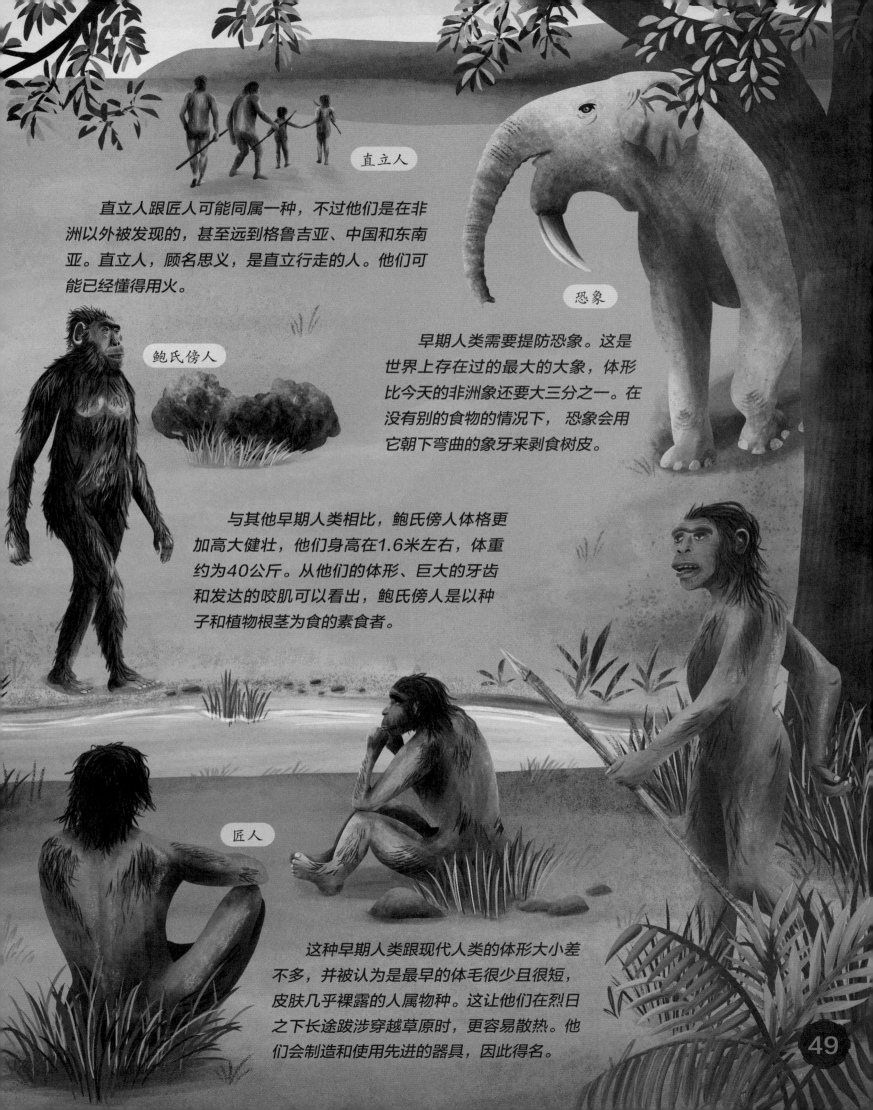

直立人

直立人跟匠人可能同属一种，不过他们是在非洲以外被发现的，甚至远到格鲁吉亚、中国和东南亚。直立人，顾名思义，是直立行走的人。他们可能已经懂得用火。

恐象

鲍氏傍人

早期人类需要提防恐象。这是世界上存在过的最大的大象，体形比今天的非洲象还要大三分之一。在没有别的食物的情况下，恐象会用它朝下弯曲的象牙来剥食树皮。

与其他早期人类相比，鲍氏傍人体格更加高大健壮，他们身高在1.6米左右，体重约为40公斤。从他们的体形、巨大的牙齿和发达的咬肌可以看出，鲍氏傍人是以种子和植物根茎为食的素食者。

匠人

这种早期人类跟现代人类的体形大小差不多，并被认为是最早的体毛很少且很短，皮肤几乎裸露的人属物种。这让他们在烈日之下长途跋涉穿越草原时，更容易散热。他们会制造和使用先进的器具，因此得名。

49

现代人类

现代人类中的这一个物种被称为"智人",意为"有智慧的人类",是距今大约30万年前,在非洲出现的。智人可能是由匠人或极其类似的物种演变而来的。很快,智人就成了非洲唯一的人属物种,并于约7万年前,扩散到了当时还居住着其他人属种类的欧洲与亚洲。

长毛犀跟早期人类生活在同一时期,与今天的犀牛是亲属关系。

洞穴壁画

大约4.5万年前,现代人类开始在洞穴深处留下美丽的绘画艺术,他们用木炭在洞穴墙壁上作画,还用碾碎的石头粉末混着水和血液绘作彩色的图画。许多史前洞穴壁画中绘作着动物的图案,还有一小部分画着打猎的场景。这些绘画可能记录了一次成功的捕猎,也可能是为了给下一次打猎带来好运。

穴狮生活在欧洲和亚洲大陆,直至1.3万年前。穴狮可能是因它们的皮毛而被人类捕杀。

社会团体

我们古老的祖先可能小群体聚居,偶尔会聚集到多达150人左右。他们需要这样大小的团体来互相依存,度过困难时期,比如当食物短缺或被别的食腐动物破坏时。

有些灵长类动物,例如大猩猩,每天会花很长时间与群体内的其他成员互相梳理毛发,进行肢体接触,以此来维持感情。而人类的社会群体与之相比要大得多,不可能做到与每个人进行肢体接触,于是人类学会了使用语言,以此交换信息,制订计划,甚至讲故事!

直到4000年前，北极地区仍然生活着巨大的长毛象。那时候，埃及金字塔已经有500年的历史了！

其他人类

  智人在这个时期先后扩散到了欧洲和亚洲，并发现那儿已经生活着其他人类了……尼安德特人，其遗迹首先在德国尼安德河谷被发现，便以此命名。他们在冰河世纪及以前生活在欧洲，比现代人类的体格更高大强壮。这两个群体共存了一段时间。今天，在现代欧洲或亚洲血统的人类基因中有大约百分之二来自尼安德特人。

  现代人类与丹尼索瓦人也有交集，这个人类种群与尼安德特人有极近的亲属关系。最后的丹尼索瓦人可能生活在新几内亚岛，直到约1.17万年前灭绝。他们的部分基因保留在了大洋洲和东南亚人群的身体里。

地球时间

24:00

今天

今天的人类

人类活动在短短几个世纪内就已经改变了地球的面貌。我们砍伐森林转为耕地，抽干沼泽建造城市，还将非本土的动物带往世界各地。近年来，人类造成的污染和气候变化开始对地球产生更大的影响。这一刻便是地球史在24小时时间轴上的最后一秒。将来会发生什么全取决于我们……

人类遍布全球

人类是地球上最辉煌的篇章之一。越来越多的人寿命变长，也更健康。在过去的几百年间，世界人口总数一直在增加，现在已经超过了80亿。然而，我们还与上百万其他物种共享同一个地球，而适宜这些物种生存的空间正在迅速缩小，因此我们必须考虑如何与它们共存。许多动物被迫适应生活在城镇等人类的活动范围内，否则就会有灭绝的风险。

神奇的塑料

塑料是一种极好的材料，大部分是由原油中的化学物质制作而成，并广泛使用于各行各业，小到生产瓶子，大到制造船舶都用得上它。然而，不像天然的材料那样能够被降解腐蚀，废弃的塑料会变成小颗粒进入土壤和海洋，最终被埋入很深处成为地壳中新的岩石层。未来几千年中形成的岩石会带有因人类现在的活动而留下的独特特征。

气候变化

　　燃烧汽油、向空气中排放其他化学物质正改变着地球的气候。某些气体的增加，例如二氧化碳，将更多热能保留在大气中，使全球变暖并出现更多极端天气。空气中的化学物质也会混入雨水中，冲刷岩石，使它们比正常情况更快被侵蚀。

　　气候逐渐变暖意味着南北极的冰川面积正在逐渐缩小。随着冰川的融化，海洋中的水增加了，进而使海平面不断上升。而海平面仅上升几米就足以淹没很多世界上最大的城市。

转折点

　　科学家向我们发出警告，人类对自然界造成的巨大破坏会使地球迅速变得不宜居。我们已经开始经历越来越多的极端风暴，更加频繁的洪水，长时间的干旱与大型山火等。不过，只要我们同心协力，就有办法解决这些问题。真正的问题

明天将会发生什么？

未来地球会是什么样的，我们不得而知。不过我们已经知道一个物种一般能存在大约100万年，然后演化成另外一个物种或是彻底灭绝。人类这个物种仍然非常年轻，但我们已经对地球产生了巨大的影响，也已经开始着手解决气候变化和生态破坏的问题。这些变化对未来地球上的生命来说，意味着什么呢？

气候改变会使上亿人被迫背井离乡，寻找新的居住地。除了搬离因变得太热而不适合居住的地方以外，人们还得搬离海边。现在地球上几乎一半的人口居住在离海边97千米以内的地方，升高的海平面和极端风暴意味着许多海滨城市被水淹的情况将会成为常态。但这可能也会让我们开始创新，开发出利用可再生能源的新科技，以帮助我们在不再宜居的地方生存下去。

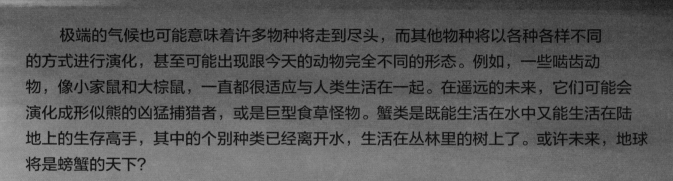

極端的气候也可能意味着许多物种将走到尽头，而其他物种将以各种各样不同的方式进行演化，甚至可能出现跟今天的动物完全不同的形态。例如，一些啮齿动物，像小家鼠和大棕鼠，一直都很适应与人类生活在一起。在遥远的未来，它们可能会演化成形似熊的凶猛捕猎者，或是巨型食草怪物。蟹类是既能生活在水中又能生活在陆地上的生存高手，其中的个别种类已经离开水，生活在丛林里的树上了。或许未来，地球将是螃蟹的天下？

如果人类能及时解决气候变化的问题，也许地球上的温度、气候和海平面升高都不会变得那么极端。我们或许能找到一种建造城市和生活的方式，与自然和谐相处，给野生动物的繁衍生息留出足够的空间。

有一天，也许是数百万年以后，现在的人类终将灭绝。或许我们会像恐龙那样灭亡，也有可能会演化成一种新的人类，去遥远的星球定居。不过无论如何，地球仍会存在于此——在黑暗的宇宙中，被无数星星包围，绕着地轴自转着。地球的时钟也仍会嘀嗒向前走动。

时间表

地球生命的故事就记录在下面这个叫作地质年代表的表格里，其中包括了地球历史上的主要事件——从地球刚开始形成时仅为一团滚烫的液态岩，到它经历的许多冰河世纪，再到大灭绝和生命大爆发。

地质年代是地质学家经过许多年的努力才完成的。他们用在地下发现的化石和岩石作为时间参考。岩石以及岩石中的化石，越靠近表面上层的就越年轻，而埋得越深的，形成的年代越久远。

随着时间的推移，地球上出现了许多很大的，常常较为突然的变化。例如，一些十分古老的岩石显示地球冷却成为岩石球体的时间，或是海洋开始覆盖地球的表面。在那很久之后，地球上的生物也经历了许多改变，时常还会有大规模地灭绝。这个年代表利用岩石中记录到的这些变化来标记出地球历史上不同的时期。

显生宙分为三个代。

代又被细分为纪。当某一种或多种生物灭绝时，意味着上一个纪的结束和下一个纪的开始。

最长的时间单位。

在这个时期，"新型生命"出现了，比如鸟类、哺乳动物，在最

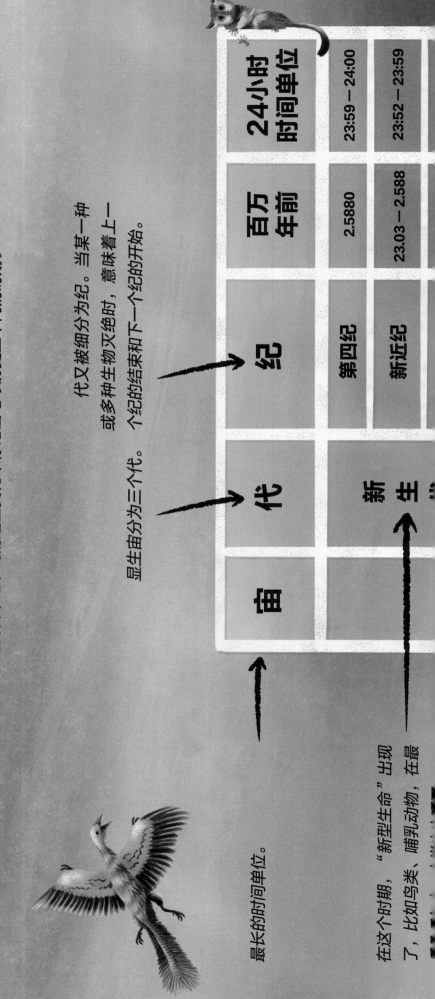

宙	代	纪	百万年前	24小时时间单位
	新生	第四纪	2.5880	23:59 – 24:00
		新近纪	23.03 – 2.588	23:52 – 23:59

代	纪	百万年前	24小时时钟
中生代	侏罗纪	201.8 — 145.5	22:56 — 23:14
	三叠纪	252.17 — 201.8	22:40 — 22:56
古生代	二叠纪	298.9 — 252.17	22:25 — 22:40
	石炭纪	358.9 — 298.9	22:06 — 22:25
	泥盆纪	419.2 — 358.9	21:47 — 22:06
	志留纪	443.4 — 419.2	21:39 — 21:47
	奥陶纪	485.4 — 443.4	21:26 — 21:39
	寒武纪	541.0 — 485.4	21:08 — 21:26

显生宙

元古宙　2500 — 541.0　10:47 — 21:08
空气中开始出现氧气，最早的复杂生物演化形成。

太古宙　4000 — 2500　02:51 — 10:47
地球表面变得坚硬，并有大片的海洋。最早的生命出现。

冥古宙　4500 — 4000　00:00 — 02:51
年轻的地球大部分都覆盖着岩浆湖，并被巨大的小行星和彗星撞击。

这个"中间的生命"时期就是大怪兽的时期，最终以恐龙和许多别的史前生物的灭绝而告终。

地球现在仍处于这个宙。该时期见证了无数种类的生命的演化。

这个"古生物"的时期从寒武纪生命大爆发持续到大灭绝事件。